런런 옥스퍼드 수학

1권

수와 그래프

안녕!

안녕! 나는 프라이머이고 이 친구는 칼이야.

차 례

자릿값

1 색칠한 숫자가 나타내는 수를 쓰세요.

기억하자!
수는 자리마다 나타내는 자릿값이
있고 그들의 합으로 나타낼 수 있어요.
예) 5703 = 오천 + 칠백 + 삼

1   9343

삼백

300

2   27586

3   40791

4   88012

5   116347

6   538039

7   778808

8   825785

9   993214

2 수를 각 자릿값의 합으로 나타내 보세요.

1 8376 = __팔__ 천 + __삼__ 백 + __칠__ 십 + __육__

2 28926 = ____ 만 + ____ 천 + ____ 백 + ____ 십 +

3 31374 = ____ 만 + ____ 천 + ____ 백 + ____ 십 +

4 484473 = ____ 십만 + ____ 만 + ____ 천 + ____ 백
          + ____ 십 +

자릿값을 구하기 전에
수를 바르게 읽어 봐.

2

3 칼이 생각한 수를 쓰세요.

내가 생각한 수는
칠십, 육천, 삼, 팔만,
백을 가지고 있어.

내가 생각한 수는
육, 구천, 사백, 오십,
구만을 가지고 있어.

1 _____

2 _____

내가 생각한 수는
이백, 칠천, 삼, 사십만,
육십, 만을 가지고 있어.

내가 생각한 수는
사만, 육천, 팔, 팔십만을
가지고 있어.

3 _____

4 _____

---

4 빈 곳에 알맞은 수를 쓰세요.

1 4 5 6 7 2 = __40000__ + 5000 + __600__ + 70 + _2_

2 8 _ 2 _ 7 = _____ + 1000 + _____ + 60 + ____

3 _____ 77 = 90000 + 9000 + 100 + ____ + ____

4 4 ____ 7 __ 3 = _____ + 40000 + 7000 + _____ + 20 + ____

5 __ 2 __ 8 __ = 60000 + _____ + 500 + ____ + 3

6 __ 0 __ 0 __ = 100000 + 2000 + 70 + 2

잘했어!

칭찬 스티커를
붙이세요.

체크! 체크!
올바른 순서로 수를 썼는지 확인하세요.
왼쪽부터 십만, 만, 천, 백, 십, 일의 자리 순서로 썼는지 확인하세요. ☐

문제를 다 푼 다음, 32쪽으로!

수 읽기 (1)

1 다음은 여러 나라의 2019년도 인구수예요. 빈칸을 알맞게 채우세요.

기억하자!

큰 수는 일의 자리부터 네 자리씩 끊어 읽어요. 그리고 네 자리마다 만, 억, 조를 붙여요.
예) 314278은 31/4278로 끊어서 31만 4278(삼십일만 사천이백칠십팔)이라고 읽어요.

	나라	국기	인구(숫자)	인구(읽기)
1	채널 제도		166828	십육만 육천팔백이십팔
2	아이슬란드		341566	
3	몰타		433217	
4	룩셈부르크		596992	
5	가이아나		786508	
6	피지		919070	

어떤 수는 비슷하게 들리니까 조심해야 해.

2 수를 바르게 읽은 것을 찾아 선으로 이어 보세요.

3 2번의 ▢ 안의 금액에 202121원을 더한 금액을 써 보세요.

사십육만 칠천칠백육십사   476476원   **1** _____

육십사만 육천육백사십칠   477646원   **2** _____

사십칠만 육천사백칠십육   674464원   **3** _____

육십칠만 사천사백육십사   467764원   **4** _____

사십칠만 칠천육백사십육   646647원   **5** _____

체크! 체크!

자리에 따라 수를 구분하여 덧셈을 해 보세요.   ▢

예) 202121은 200000 + 2000 + 100 + 20 + 1이에요.

칭찬 스티커를 붙이세요.

문제를 다 푼 다음, 32쪽으로!

수 읽기 (2)

1 각 거리를 숫자로 나타내 보세요.

기억하자!
큰 수는 일의 자리부터 네 자리씩 끊어 읽어요.
그리고 네 자리마다 만, 억, 조를 붙여요.
말로 쓸 때는 네 자리마다 띄어쓰기를 해요.

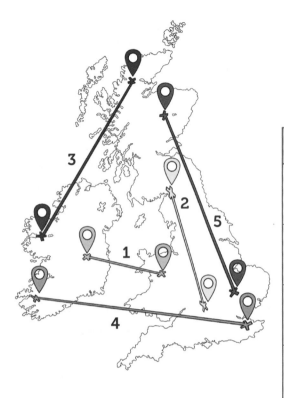

거리	거리(m)-읽기	거리(m)-숫자
1	삼십삼만 이천오백오십구	
2	오십팔만 삼천백칠십사	
3	육십만 이천삼백십구	
4	팔십만 사백칠	
5	구십일만 천이백십이	

2 빈 곳에 알맞은 숫자나 말을 쓰세요.

말	숫자
1 육만 이천사백_____	6_____458
2 삼십_____ 육천구백_____ 일	_____16_____2
3 _____ 삼백십팔	443_____

3 다음 수를 숫자로 나타내어 퍼즐을 풀어 보세요.

가로 열쇠

2 육십일만 삼천구백구십구 _____

3 구십만 칠천오백오십오 _____

5 팔만 이천삼백사십육 _____

7 칠만 백십오 _____

세로 열쇠

1 삼십육만 사천칠백십육 _____

4 오만 사천육 _____

6 이십일만 칠천이백팔 _____

체크! 체크!
수를 큰 소리로 말해 보고 숫자로
나타낸 것과 같은지 확인하세요.

잘했어!

칭찬 스티커를
붙이세요.

문제를 다 푼 다음, 32쪽으로!

수의 크기 비교 (1)

기억하자!

>는 ~보다 크다, <는 ~보다 작다는 뜻이에요. 뾰족한 부분이 항상 더 작은 쪽을 가리킨다는 것을 기억하세요.

1 개미의 수를 비교하여 빈칸에 < 또는 > 스티커를 알맞게 붙이세요.

1   43768 □ 43678

2   79834 □ 79843

왼쪽 자리부터 시작해 오른쪽 자리로 이동하며 차례로 비교해.

3   91790 □ 91709

4   643765 □ 643657

2 빈 곳에 < 또는 >를 알맞게 쓰세요.

1 12077 ____ 12707

2 26436 ____ 25364

3 54589 ____ 54598

4 263347 ____ 236377

5 360745 ____ 360475

6 573424 ____ 573423

7 666636 ____ 666663

8 809423 ____ 809422

9 932828 ____ 932882

10 986573 ____ 968735

잘했어!

칭찬 스티커를 붙이세요.

체크! 체크!

<, > 기호를 바르게 썼나요? □

문제를 다 푼 다음, 32쪽으로!

수의 크기 비교 (2)

기억하자!
오름차순은 작은 수부터 큰 수의 차례로
나열하는 것을 말해요.
내림차순은 큰 수부터 작은 수의 차례로
나열하는 것을 말해요.

1 통장의 금액을 오름차순으로 나열해 보세요.

| 264343원 | 263344원 | 264443원 | 263434원 | 264334원 |

_____원 < _____원 < _____원 < _____원 < _____원

| 759957원 | 759759원 | 795579원 | 759597원 | 795499원 |

_____원 < _____원 < _____원 < _____원 < _____원

2 통장의 금액을 내림차순으로 나열해 보세요.

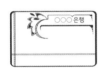

| 435367원 | 453673원 | 435376원 | 453637원 | 435366원 |

_____ > _____ > _____ > _____ > _____

  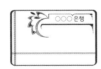

| 904540원 | 904450원 | 940544원 | 904504원 | 940499원 |

_____ > _____ > _____ > _____ > _____

돈이 가장 많은 통장은
누구 것일까?

칭찬 스티커를
붙이세요.

체크! 체크!
오름차순과 내림차순으로 정확히
나열했나요? ☐

문제를 다 푼 다음, 32쪽으로!

뛰어 세기

1 뛰어 세기를 하고 있어요. 빈칸에 알맞은 수를 쓰세요.

1 100씩 뛰어 세기

> 764 > 864 > > > >

2 1000씩 뛰어 세기

> 18609 > 19609 > > > >

3 10000씩 뛰어 세기

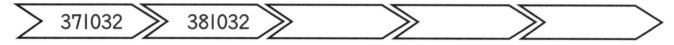

> 371032 > 381032 > > >

4 100000씩 뛰어 세기

> 268347 > 368347 > > >

2 빈칸에 알맞은 수를 쓰세요.

1

47582

2

139604

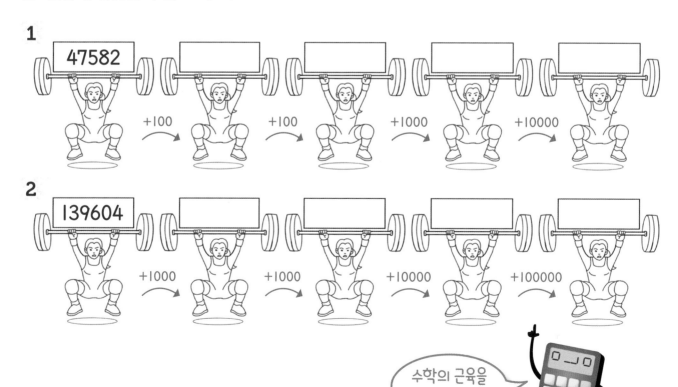

수학의 근육을 키우자!

3 거꾸로 뛰어 세기를 하고 있어요. 빈칸에 알맞은 수를 쓰세요.

1 거꾸로 100씩 뛰어 세기

> 917 > 817 > > > >

2 거꾸로 1000씩 뛰어 세기

> 72043 > 71043 > > > >

3 거꾸로 10000씩 뛰어 세기

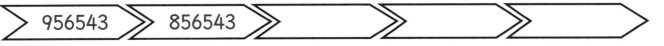

> 436845 > 426845 > > > >

4 거꾸로 100000씩 뛰어 세기

> 956543 > 856543 > > > >

4 빈칸에 알맞은 수를 쓰세요.

기억하자!
10씩, 100씩, 1000씩, 10000씩 뛰어 셀 때 뛰어 세는 자리 외에 다른 자리의 수는 변하지 않아요.

1

77731
−100
−1000
−1000
−10000

2

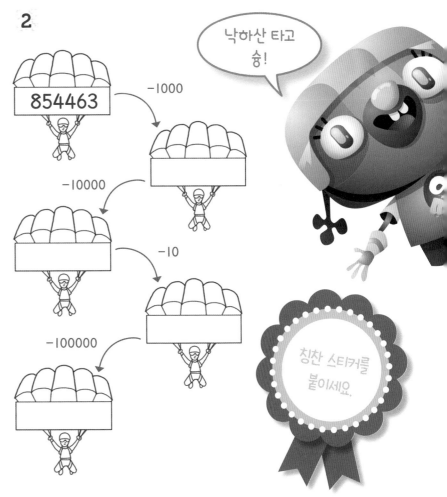

854463
−1000
−10000
−10
−100000

낙하산 타고 슝!

칭찬 스티커를 붙이세요.

문제를 다 푼 다음, 32쪽으로!

음수

1 수직선에서 다음 수의 자리를 찾아 ✓표 하세요

1 − 37

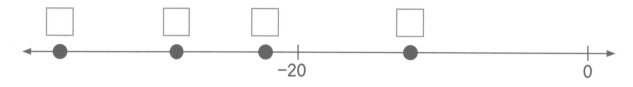

2 − 66

3 − 172

2 가장 높은 온도를 나타내는 온도계에 ◯표 하세요.

1

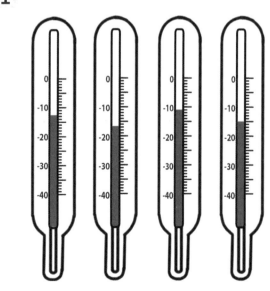

2

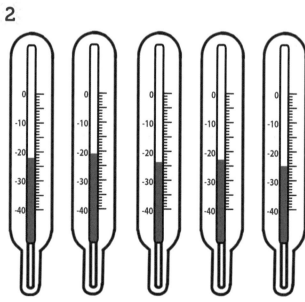

빨간 선이 위로
올라갈수록
점점 따뜻해져!

12

3 가장 낮은 온도부터 차례대로 쓰세요.

기억하자!
음수에서 가장 큰 수는 0에 가장 가까운
수예요.

1

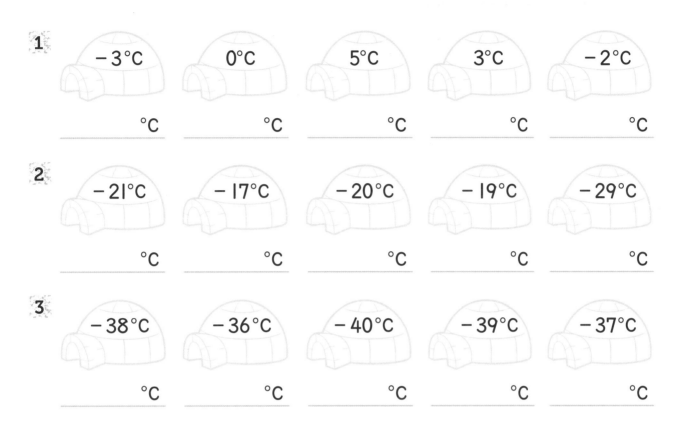

−3°C   0°C   5°C   3°C   −2°C

_____°C   _____°C   _____°C   _____°C   _____°C

2

−21°C   −17°C   −20°C   −19°C   −29°C

_____°C   _____°C   _____°C   _____°C   _____°C

3

−38°C   −36°C   −40°C   −39°C   −37°C

_____°C   _____°C   _____°C   _____°C   _____°C

4 규칙을 찾아 빈칸에 알맞은 온도 스티커를 붙이세요.

음수로 나타낸 온도는
매우 춥다는 뜻이야.
으, 추위!

4°C   1°C   −2°C   ◯   ◯   ◯

15°C   8°C   1°C   ◯   ◯   ◯

20°C   11°C   2°C   ◯   ◯   ◯

칭찬 스티커를
붙이세요.

문제를 다 푼 다음, 32쪽으로!

반올림

양쪽 수 사이의 '중간 수'를 생각해 봐. 아마 500, 5000, 50000으로 끝날 거야.

기억하자!

가장 가까운 배수들 사이의 '중간 수'를 찾으세요. 주어진 수가 중간 수보다 작으면 버리고 주어진 수가 중간 수보다 크거나 같으면 올려요.

1 주어진 수의 양쪽에 가장 가까운 1000의 배수를 쓰세요.
이 중 반올림하여 천의 자리까지 나타낸 수와 같은 것에 ○표 하세요.

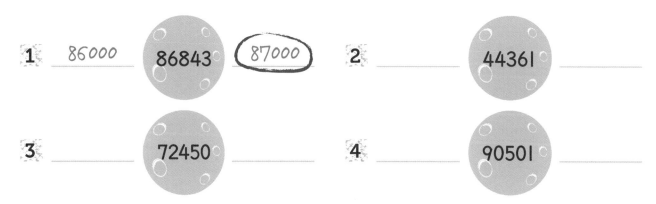

1   86000   86843   ⟨87000⟩   2 _____ 44361 _____

3 _____ 72450 _____   4 _____ 90501 _____

2 주어진 수의 양쪽에 가장 가까운 10000의 배수를 쓰세요.
이 중 반올림하여 만의 자리까지 나타낸 수와 같은 것에 ○표 하세요.

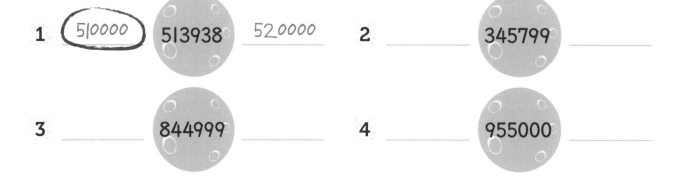

1   ⟨510000⟩   513938   520000   2 _____ 345799 _____

3 _____ 844999 _____   4 _____ 955000 _____

3 주어진 수의 양쪽에 가장 가까운 100000의 배수를 쓰세요.
이 중 반올림하여 십만의 자리까지 나타낸 수와 같은 것에 ○표 하세요.

1   400000   483485   ⟨500000⟩   2 _____ 747397 _____

3 _____ 250000 _____   4 _____ 849898 _____

4 빈칸에 알맞은 수를 쓰세요.

		반올림하여 천의 자리까지 나타내기	반올림하여 만의 자리까지 나타내기	반올림하여 십만의 자리까지 나타내기
1	77465			
2	834808			
3	493587			
4	949139			

5 행성의 지름을 반올림하세요.

기억하자!
반올림하여 백의 자리까지 나타내려면 십의 자리 수를 봐요. 십의 자리 수가 5보다 작으면 버리고 5보다
크거나 같으면 올려요.

	금성	목성	토성	천왕성
지름(km)	12104	142984	120536	51118
반올림하여 백의 자리까지 나타내기				
반올림하여 천의 자리까지 나타내기				
반올림하여 만의 자리까지 나타내기				
반올림하여 십만의 자리까지 나타내기				

체크! 체크!
5보다 작으면 버리고 5보다 크거나 같으면
올렸는지 확인하세요.

잘했어!

칭찬 스티커를
붙이세요.

문제를 다 푼 다음, 32쪽으로!

문제 해결 (1)

1 아래 단서를 이용해 비밀의 수를 찾아보세요. 비밀의 수는 숫자와 말로 나타내 보세요.

1

> **단서 1:** 다섯 자리 수예요. 가장 높은 자리 수는 가장 낮은 자리 수보다 3만큼 더 작아요.
> **단서 2:** 십의 자리 수와 천의 자리 수는 같아요. 그리고 이 수는 백의 자리 수보다 4만큼 더 커요.
> **단서 3:** 천의 자리 수는 7이고 이것은 일의 자리 수보다 2만큼 더 작아요.

비밀의 수는

☐

비밀의 수를 말로 표현해 보세요. _____

2

> **단서 1:** 여섯 자리 수예요. 일의 자리 수는 1이고 천의 자리 수는 5보다 커요.
> **단서 2:** 십의 자리 수는 짝수이고 다른 모든 자리의 수와 달라요.
> **단서 3:** 만의 자리 수는 백의 자리 수와 일의 자리 수의 차와 같아요.
> **단서 4:** 십만의 자리 수는 4보다 크고 천의 자리 수와 백의 자리 수의 곱이에요.

비밀의 수는

☐

비밀의 수를 말로 표현해 보세요. _____

2 < 또는 >를 사용하여 어느 쪽 돈이 더 많은지 비교해 보세요.

1

67354원 ☐ 66245원 + 1000원 + 100원 + 10원

2

92989원 ☐ 94097원 - 1000원 - 100원 - 10원

3

546431원 ☐ 445421원 + 100000원

4

707268원 ☐ 819258원 - 100000원

3 다음은 영국에 서식하는 새들의 마릿수예요. 이 표를 보고 물음에 답하세요.

새	제비	노랑멧새	재갈매기	붉은날개지빠귀	회색머리지빠귀	청둥오리

마릿수	752723	713327	731070	709237	713702	709372

1 마릿수를 오름차순으로 나열해 보세요.

_____ < _____ < _____ < _____ < _____ < _____

2 마릿수를 내림차순으로 나열해 보세요.

_____ > _____ > _____ > _____ > _____ > _____

3 일 년 동안 제비의 마릿수는 40000마리 줄고 노랑멧새와 붉은날개지빠귀의 마릿수는 각각 10000마리 늘었어요.

새로운 마릿수를 오름차순으로 나열해 보세요.

_____ < _____ < _____ < _____ < _____ < _____

4 스쿠버 다이버가 물속으로 다이빙을 해요. 해발 6m 높이에서 시작해 다음과 같은 속도로 내려간다면 다이버가 물속으로 내려간 깊이는 얼마인가요? 해발 6m 높이부터 계산하세요.

> 해수면으로부터의 높이를 '해발'이라고 해. 물의 깊이는 모두 음수일 거야.

1 40초 동안 10초마다 3m 내려가면?   ⬜ m

2 50초 동안 10초마다 4m 내려가면?   ⬜ m

3 60초 동안 10초마다 5m 내려가면?   ⬜ m

체크! 체크!

수직선을 그려 보면 4번 문제에 대한 답을 확인할 수 있어요.   ⬜

잘했어!

칭찬 스티커를 붙이세요.

문제를 다 푼 다음, 32쪽으로!

로마 숫자

1 표의 빈칸에 알맞은 수를 쓰세요.

기억하자!

로마 숫자는 1(I), 5(V), 10(X), 50(L), 100(C), 500(D), 1000(M)을 기본수로 하고 다른 수는 이 기본수를 배열하는 방법을 달리하여 표현해요.

아라비아 숫자	로마 숫자
78	
	XCVI
109	
	CCLXXVII
353	

아라비아 숫자	로마 숫자
	CDVIII
513	
	DCLXXXVI
849	
	CMXCIII

> 로마인들은 빨리 여행하기 위해 가능한 한 도로를 직선으로 건설했대.

2 로마의 여러 도로의 길이를 로마 숫자로 나타냈어요. 주어진 순서대로 도로 이름을 나열해 보세요.

1

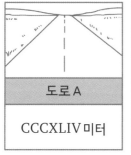 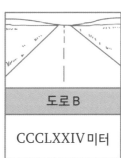  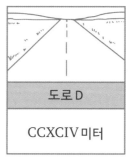 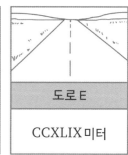

도로 A	도로 B	도로 C	도로 D	도로 E
CCCXLIV 미터	CCCLXXIV 미터	CCCXLVII 미터	CCXCIV 미터	CCXLIX 미터

내림차순: 도로 ⬚ > 도로 ⬚ > 도로 ⬚ > 도로 ⬚ > 도로 ⬚

2

  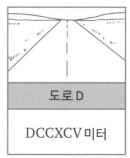 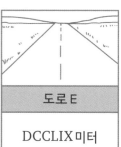

도로 A	도로 B	도로 C	도로 D	도로 E
DCCLXXVII 미터	DCCLXXXVII 미터	DCCLXXVIII 미터	DCCXCV 미터	DCCLIX 미터

오름차순: 도로 ⬚ < 도로 ⬚ < 도로 ⬚ < 도로 ⬚ < 도로 ⬚

3 박물관 직원이 로마 도로의 모형을 만든 해를 로마 숫자로 나타냈어요. 알맞은 아라비아 숫자와 선으로 이어 보세요.

기억하자!
D는 500, M은 1000을 나타내요.

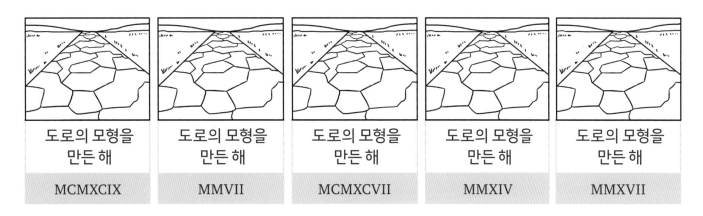

도로의 모형을 만든 해	도로의 모형을 만든 해	도로의 모형을 만든 해	도로의 모형을 만든 해	도로의 모형을 만든 해
MCMXCIX	MMVII	MCMXCVII	MMXIV	MMXVII

1997	2014	1999	2017	2007

4 빈칸을 알맞게 채우세요.

연도(로마 숫자)	연도(아라비아 숫자)
	2004
MCMLXXIII	
	1547
MCCCLI	
	1299
MCLXVIII	
	1066
MXIX	
	999
CMLXXXIX	

잘했어!

칭찬 스티커를 붙이세요.

문제를 다 푼 다음, 32쪽으로!

꺾은선그래프 (1)

1 리사네 가족이 차를 타고 전국을 여행하며 친구를 방문해요. 가족이 매일 여행한 거리를 표로 나타냈어요. 이 표를 꺾은선그래프로 나타내 보세요.

기억하자!
연필과 자를 사용하여 점과 점을 왼쪽에서 오른쪽으로 직선으로 연결해요.

요일	여행한 거리(km)
월요일	40
화요일	55
수요일	70
목요일	80
금요일	65
토요일	50

나도 여행 가고 싶다.

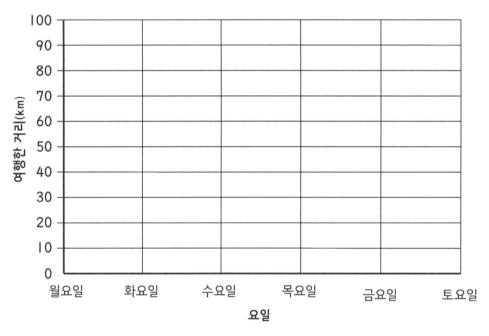

1 수요일에는 화요일보다 몇 km 더 많이 이동했나요?

_____

2 토요일에는 목요일보다 몇 km 더 적게 이동했나요?

_____

3 여행한 거리의 차가 가장 큰 것은 무슨 요일과 무슨 요일인가요?

_____

4 3번의 차이는 얼마인가요?

_____

2 한 소년이 자전거 여행 중이에요. 매 시간마다 집을 떠나 얼마나 멀리 여행했는지 기록하고 이 자료를 사용하여 꺾은선그래프를 그렸어요.

꺾은선그래프를 보고 물음에 답하세요.

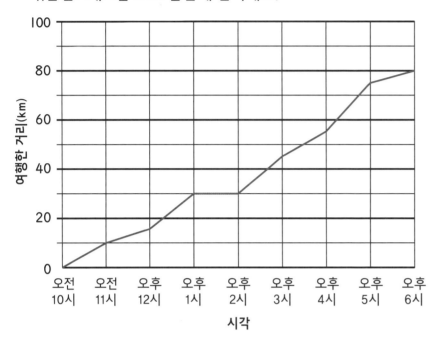

1 다음 각 시각에 집에서부터 얼마나 멀리 갔나요?

오전 11시 _____ km   오후 2시 _____ km

오후 4시 _____ km   오후 6시 _____ km

2 다음 각 시간 동안 몇 km 갔나요?

오전 11시부터 오후 12시까지 _____ km   오후 2시부터 오후 3시까지 _____ km

오후 4시부터 오후 5시까지 _____ km   오후 12시부터 오후 4시까지 _____ km

3 몇 시와 몇 시 사이에

가장 먼 거리를 갔나요? 1시간 간격으로 답하세요. _____ 시와 _____ 시

가장 짧은 거리를 갔나요? 1시간 간격으로 답하세요. _____ 시와 _____ 시

4 오후 1시에서 2시 사이에는 무엇을 하고 있었을지 생각해서 써 보세요.

_____

체크! 체크!

그래프는 정확하게 읽어야 해요. 한 점에 맞추어 자를 가로축과 평행하게 놓고 자가 세로축의 어디에서 만나는지 정확하게 확인하세요. ☐

잘했어!

칭찬 스티커를
붙이세요.

문제를 다 푼 다음, 32쪽으로!

꺾은선그래프 (2)

1 아래 표는 버너를 이용하여 가열한 물의 온도를 나타내요.
이 표를 꺾은선그래프로 나타내고 물음에 답하세요.

기억하자!
그래프의 축에 올바르게 항목을 지정하고 제목도 쓰세요.

세로 눈금 한 칸을 몇 ℃로 나타낼지 적절하게 정해야 해요. 한 칸이 나타내는 온도가 작으면 꺾은선그래프가 너무 커지고, 크면 꺾은선그래프가 너무 작아서 읽기 힘들어요.

시간(분)	0	1	2	3	4	5	6	7	8
온도(℃)	15	20	30	45	55	65	75	85	90

제목: _____

1 다음 각 시간 동안 가열한 물의 온도는 얼마인가요?

1.5분 _____ ℃   3.5분 _____ ℃   7.5분 _____ ℃

2 다음 시간에 온도가 몇 ℃ 올라갔나요?

1분 ～ 4분 _____ ℃   2.5분 ～ 4.5분 _____ ℃

5.5분 ～ 8분 _____ ℃   0.5분 ～ 7.5분 _____ ℃

3 몇 분과 몇 분 사이에 온도가 가장 빨리 올라갔나요? 1분 단위로 답하세요.

_____ 분과 _____ 분

체크! 체크!
그래프에 점을 정확하게 찍었는지 확인하세요. [ ]

22

2 일 년 동안 교실 밖의 온도를 기록하여 꺾은선그래프를 그렸어요.

꺾은선그래프를 보고 물음에 답하세요.

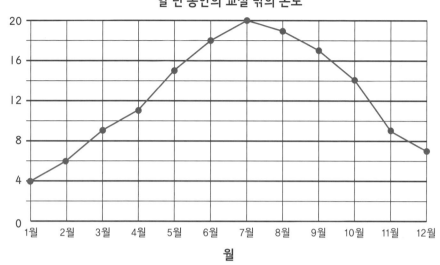

일 년 동안의 교실 밖의 온도

차분하게, 주의 깊게
문제를 읽어 봐.
어떤 문제는 답이 하나가
아니라 여러 개일 수도 있어.

1 다음 온도를 나타낸 때는 몇 월인가요?

9℃ _____

15℃ _____

17℃ _____

7℃ _____

2 다음은 몇 월과 몇 월 사이인지 쓰세요.

온도가 4℃ 오른 때는? _____월과 _____월 사이

온도가 3℃ 떨어진 때는? _____월과 _____월 사이

온도가 3℃ 오른 때는? _____월과 _____월 사이

온도가 5℃ 떨어진 때는? _____월과 _____월 사이

3 온도가 얼마나 더 높았나요?

6월은 1월보다? _____℃

5월은 12월보다? _____℃

9월은 2월보다? _____℃

4월은 11월보다? _____℃

잘했어!

칭찬 스티커를
붙이세요.

문제를 다 푼 다음, 32쪽으로!

꺾은선그래프 (3)

1 빵집에서 매일 판매되는 컵케이크의 수를 조사하여 그래프로 나타냈어요. 그런데 일부가 지워졌어요. 표와 그래프를 이용하여 빈칸을 알맞게 채우고 꺾은선그래프도 완성하세요.

요일	월	화	수	목	금	토	일
판매된 컵케이크 수(개)		19		31		18	

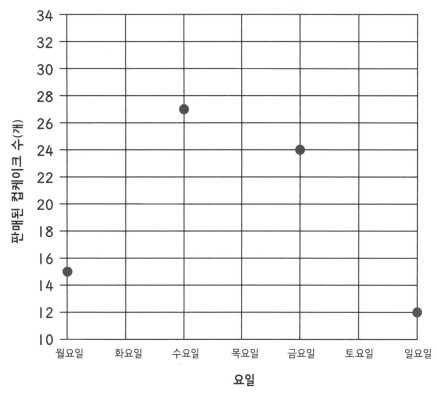

빵집의 컵케이크 판매량

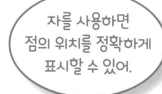

자를 사용하면 점의 위치를 정확하게 표시할 수 있어.

1 화요일에는 일요일보다 컵케이크가 얼마나 더 많이 팔렸나요? ☐

2 월요일에는 수요일보다 컵케이크가 얼마나 더 적게 팔렸나요? ☐

3 컵케이크 판매가 가장 크게 늘어난 날은 무슨 요일과 무슨 요일 사이인가요?

_____ 과 _____

4 컵케이크 판매가 가장 크게 줄어든 날은 무슨 요일과 무슨 요일 사이인가요?

_____ 과 _____

2 매일 저녁 음악 콘서트에 참석하는 사람들의 수를 조사하여 그래프를 그렸어요. 그런데 일부가 지워졌어요. 표와 그래프를 이용하여 빈칸을 알맞게 채우고 꺾은선그래프도 완성하세요.

일	1	2	3	4	5	6	7	8	9	10
관객 수(명)	150		350		700	450			950	500

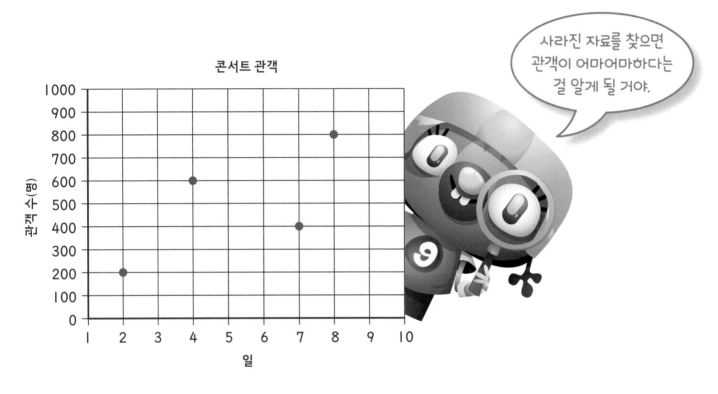

콘서트 관객

사라진 자료를 찾으면 관객이 어마어마하다는 걸 알게 될 거야.

1 5일째는 2일째보다 콘서트에 참석한 사람이 몇 명 더 많나요? _____

2 7일째는 9일째보다 콘서트에 참석한 사람이 몇 명 더 적나요? _____

3 관객이 가장 크게 늘어난 것은 며칠째와 며칠째 사이인가요?

_____ 일째와 _____ 일째

4 관객이 가장 크게 줄어든 것은 며칠째와 며칠째 사이인가요?

_____ 일째와 _____ 일째

칭찬 스티커를 붙이세요.

체크! 체크!
관객 수의 증가, 감소를 알아볼 때 가로축의 한 구간에 해당하는 세로축의 값의 변화를 확인했나요? ☐

문제를 다 푼 다음, 32쪽으로!

시간표

1 무어랜드에서 웨트워스까지 가는 기차 시간표예요.

기억하자!
오전은 밤 12시~낮 12시를 말하고
오후는 낮 12시~밤 12시를 말해요.

무어랜드 출발	웨트워스 도착
오전 9:00	오전 10:00
오전 9:30	오전 10:30
오전 10:00	오전 11:00
오전 10:30	오전 11:30
오전 11:00	오후 12:00
오전 11:30	오후 12:30
오후 12:00	오후 1:00

기차 시간표를 보고 물음에 답하세요.

1 오전 11:00 전에 웨트워스에 도착하려면 몇 시에 기차를 타야 하나요?

_____

2 무어랜드에서 오전 11:30에 출발하면 웨트워스에 몇 시에 도착할 수 있나요?

_____

3 두 도시를 여행하는 데 얼마나 걸리나요? _____

4 무어랜드에서 오전 9:30에 출발하는 기차가 20분 지연되었어요.
웨트워스에 몇 시에 도착할까요?

_____

5 오후 12:15까지 웨트워스에 도착하려면 몇 시에 기차를 타야 하나요? _____

2 각 출발 시각이 25분, 도착 시각이 35분 늦어진 새로운 기차 시간표예요.
빈칸을 알맞게 채우세요.

무어랜드 출발	웨트워스 도착
오전 9:55	
	오전 11:35
	오후 12:35
오후 12:25	

시간표는 언제 무슨 일이
일어나고 있는지 알 수 있도록
도와준단다.

3 다음은 쇼트햄프턴에서 롱햄 사이 모든 정거장의 기차 시간표예요.
다음 물음에 답하세요.

쇼트햄프턴	오전 9 : 10	오전 9 : 40	오전 10 : 05	오전 10 : 35	오전 11 : 00	오전 11 : 40
프로스비	오전 9 : 25	오전 9 : 55	오전 10 : 20	오전 10 : 50	오전 11 : 25	오전 11 : 55
캠머스	오전 9 : 42	오전 10 : 12	오전 10 : 37	오전 11 : 07	오전 11 : 42	오후 12 : 12
뉴타운	오전 9 : 49	오전 10 : 19	오전 10 : 44	오전 11 : 14	오전 11 : 49	오후 12 : 19
미들링턴	오전 10 : 07	오전 10 : 37	오전 11 : 02	오전 11 : 32	오후 12 : 07	오후 12 : 37
포터스비	오전 10 : 22	오전 10 : 52	오전 11 : 17	오전 11 : 47	오후 12 : 22	오후 12 : 52
링스톤	오전 10 : 42	오전 11 : 12	오전 11 : 37	오후 12 : 07	오후 12 : 42	오후 1 : 12
롱햄	오전 11 : 06	오전 11 : 36	오후 12 : 01	오후 12 : 31	오후 1 : 06	오후 1 : 36

1 캠머스에서 오전 10 : 12에 기차를 타면 몇 시에 링스톤에 도착할 수 있나요? _____

2 프로스비에서 오전 11 : 25에 기차를 타면 몇 시에 포터스비에 도착할 수 있나요? _____

3 다음 두 장소를 가는 데 몇 분이 걸리나요?

뉴타운에서 미들링턴까지 _____   프로스비에서 캠머스까지 _____

링스톤에서 롱햄까지 _____   포터스비에서 링스톤까지 _____

4 여행 시간이 가장 짧은 곳은 어디와 어디인가요?
이웃하는 정거장을 쓰세요.   _____ 과/와 _____

5 여행 시간이 가장 긴 곳은 어디와 어디인가요?
이웃하는 정거장을 쓰세요.   _____ 과/와 _____

6 쇼트햄프턴에서 오전 11 : 00까지 미들링턴에 가고 싶어요. 늦어도 몇 시에 기차를 타야 하나요?

_____

7 프로스비에서 오후 12 : 15까지 포터스비에 가고 싶어요. 늦어도 몇 시에 기차를 타야 하나요?

_____

8 캠머스에서 오후 1 : 30까지 롱햄에 가고 싶어요.
늦어도 몇 시에 기차를 타야 하나요?   _____

칭찬 스티커를
붙이세요.

체크! 체크!
1시간은 60분이라는 사실을 이용했나요?   [ ]

문제를 다 푼 다음, 32쪽으로!

시간

기억하자!
걸린 시간은 시작과 끝 사이의 시간을 말해요.

1 걸린 시간을 알맞게 채워 보세요.

시작 시각	끝나는 시각	걸린 시간
오전 7 : 30	오전 8 : 35	1시간 5분
오전 8 : 15	오전 8 : 55	
오전 9 : 05	오전 10 : 15	
오전 10 : 25	오전 11 : 45	
오전 10 : 50	오후 12 : 50	
오후 12 : 20	오후 3 : 40	
오후 2 : 45	오후 7 : 55	

2 각 과목의 수업 시간을 보고 끝나는 시각을 알아보세요.
알맞은 스티커를 찾아 붙이세요.

수업 시간

영어	수학	과학	체육	역사	미술
55분	50분	1시간 5분	1시간 15분	45분	40분

과목	시작 시각	끝나는 시각
수학	오전 9 : 30	( )
미술	오후 1 : 20	( )
영어	오전 9 : 10	( )
역사	오후 1 : 55	( )
체육	오전 9 : 50	( )
과학	오전 10 : 55	( )

수업 시작 시각에 늦지 마.

3 다음 표의 빈칸을 알맞게 채우세요.

출발지	목적지	비행 시간	출발 시각	도착 시각
런던	글래스고	1시간 25분	오전 6 : 40	
맨체스터	파리	1시간 50분		오전 9 : 45
더블린	브뤼셀		오전 11 : 30	오후 1 : 35
카디프	마드리드	4시간 10분		오후 5 : 05
런던	뉴욕	6시간 55분	오후 4 : 50	
맨체스터	모스크바	5시간 40분		오전 4 : 25
버밍엄	카이로		오후 11 : 50	오전 6 : 35

4 빈칸에 알맞은 스티커를 붙이세요. 스티커를 모두 사용하지 않아도 돼요.

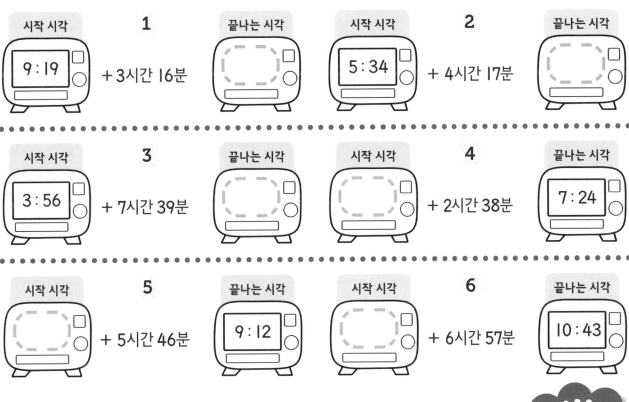

1 시작 시각 9 : 19 + 3시간 16분 → 끝나는 시각

2 시작 시각 5 : 34 + 4시간 17분 → 끝나는 시각

3 시작 시각 3 : 56 + 7시간 39분 → 끝나는 시각

4 시작 시각 + 2시간 38분 → 끝나는 시각 7 : 24

5 시작 시각 + 5시간 46분 → 끝나는 시각 9 : 12

6 시작 시각 + 6시간 57분 → 끝나는 시각 10 : 43

체크! 체크!
시간표를 잘 보고 답을 다시 한번 확인하세요. ☐

잘했어!

칭찬 스티커를 붙이세요.

문제를 다 푼 다음, 32쪽으로!

문제 해결 (2)

1 로마 숫자로 나타낸 식을 아라비아 숫자로 나타내세요.

기억하자!
로마 숫자를 아라비아 숫자로 바꾼 다음 덧셈을 하세요.

답은 아라비아 숫자나 로마 숫자 중 어떤 것으로 나타내도 좋아.

1 LXXV + XVI = _75_ + _16_ = _91_

2 LXVIII − XLIX = _____ − _____ = _____

3 XLVI + LIII = _____ + _____ = _____

4 LXXI − XLVI = _____ − _____ = _____

5 LXXI + XI = _____ + _____ = _____

---

2 각 가게의 문 여는 시각을 계산하세요.

1

문 여는 시각

문 닫는 시각 오후 4 : 30

가게 운영 시간: 6시간 15분

2
문 여는 시각

문 닫는 시각 오후 5 : 15

가게 운영 시간: 7시간 30분

3

문 여는 시각

문 닫는 시각 오후 9 : 20

가게 운영 시간: 10시간 50분

4
문 여는 시각

문 닫는 시각 오후 6 : 25

가게 운영 시간: 8시간 55분

5

문 여는 시각

문 닫는 시각 오후 8 : 20

가게 운영 시간: 13시간 30분

6

문 여는 시각

문 닫는 시각 오후 3 : 05

가게 운영 시간: 9시간 20분

3 다음 그래프를 보고 물음에 답하세요.

하나의 그래프에 두 그룹을 표시하면 시간에 따른 두 그룹의 관련 자료를 비교하기 좋아.

매년 우승한 게임 수

레드브리지 유나이티드
그레이엄 시티

게임 수(게임)

연도

1 2015년에 그레이엄 시티는 레드브리지 유나이티드보다 얼마나 많은 게임에서 승리했나요?

2 2019년에 레드브리지 유나이티드는 그레이엄 시티보다 얼마나 많은 게임에서 승리했나요?

3 두 팀이 승리한 게임 수의 차가 가장 큰 것은 어느 해와 어느 해인가요?

_____ 과 _____

4 두 팀이 승리한 게임 수의 차가 가장 작은 것은 어느 해와 어느 해인가요?

_____ 과 _____

5 2015년부터 2019년까지 두 팀은 총 몇 게임에서 승리했나요?

6 그레이엄 시티는 2015년부터 2019년까지 총 몇 게임에서 승리했나요?

7 2015년부터 2019년까지 두 팀이 승리한 총 게임 수의 차는 얼마인가요?

잘했어!

칭찬 스티커를 붙이세요.

체크! 체크!
그래프의 점이 나타내는 세로축의 값을 정확하게 읽었나요?

문제를 다 푼 다음, 32쪽으로!

나의 실력 점검표

얼굴에 색칠하세요.

쪽	나의 실력은?	스스로 점검해요!		
2~3	여섯 자리 수까지 수를 자릿값의 합으로 나타낼 수 있어요.	😊	😐	😟
4~5	1000000까지의 수를 읽고 쓸 수 있어요.	😊	😐	😟
6~7	1000000까지의 수를 읽고 쓸 수 있어요.	😊	😐	😟
8	1000000까지의 수를 비교할 수 있어요.	😊	😐	😟
9	1000000까지 수의 순서를 알아요.	😊	😐	😟
10~11	10의 배수만큼 앞으로, 뒤로 뛰어 셀 수 있어요.	😊	😐	😟
12~13	양수, 0, 음수를 앞으로, 뒤로 셀 수 있어요.	😊	😐	😟
14~15	1000000까지의 수를 반올림하여 십, 백, 천, 만, 십만의 자리까지 나타낼 수 있어요.	😊	😐	😟
16~17	1000000까지의 수에 관한 문제를 해결할 수 있어요.	😊	😐	😟
18~19	로마 숫자를 1000(M)까지 읽을 수 있고 로마 숫자로 쓰인 연도를 알 수 있어요.	😊	😐	😟
20~21	꺾은선그래프를 보고 문제를 해결할 수 있어요.	😊	😐	😟
22~23	꺾은선그래프를 그릴 수 있고 그래프의 정보를 이용하여 문제를 해결할 수 있어요.	😊	😐	😟
24~25	표와 꺾은선그래프를 보고 빠진 내용을 찾을 수 있고 관련된 문제를 해결할 수 있어요.	😊	😐	😟
26~27	시간표를 포함한 표를 보고 정보를 읽을 수 있고 빠진 내용을 완성할 수 있어요.	😊	😐	😟
28~29	시간표에 관한 문제를 풀 수 있고 걸린 시간을 구할 수 있어요.	😊	😐	😟
30~31	로마 숫자와 시간에 관련된 문제를 해결할 수 있어요.	😊	😐	😟

너는 어때?

정답

2~3쪽

1-2. 칠천, 7000
1-3. 사만, 40000
1-4. 영, 0
1-5. 만, 10000
1-6. 팔천, 8000
1-7. 칠십만, 700000
1-8. 이만, 20000
1-9. 구십만, 900000
2-2. 이, 팔, 구, 이, 육
2-3. 삼, 일, 삼, 칠, 사
2-4. 사, 팔, 사, 사, 칠, 삼
3-1. 86173
3-2. 99456
3-3. 417263
3-4. 846008
4-2. 81267 = 80000 + 1000 + 200 + 60 + 7
4-3. 99177 = 90000 + 9000 + 100 + 70 + 7
4-4. 447723 = 400000 + 40000 + 7000 + 700 + 20 + 3
4-5. 62583 = 60000 + 2000 + 500 + 80 + 3
4-6. 102072 = 100000 + 2000 + 70 + 2

4~5쪽

1-2. 삼십사만 천오백육십육
1-3. 사십삼만 삼천이백십칠
1-4. 오십구만 육천구백구십이
1-5. 칠십팔만 육천오백팔
1-6. 구십일만 구천구십
2. 467764원, 646647원, 476476원, 674464원, 477646원
3-1. 678597원
3-2. 679767원
3-3. 876585원
3-4. 669885원
3-5. 848768원

6~7쪽

1-1. 332559
1-2. 583174
1-3. 602319
1-4. 800407
1-5. 911212
2-1. 육만 이천사백오십팔, 62458
2-2. 삼십일만 육천구백이십일, 316921
2-3. 사만 사천삼백십팔, 44318
3. 가로 열쇠 2번 613999, 3번 907555, 5번 82346,
     7번 70115
   세로 열쇠 1번 364716, 4번 54006, 6번 217208

8쪽

1-1. >
1-2. <
1-3. >
1-4. >
2-1. <
2-2. >
2-3. <
2-4. >
2-5. >
2-6. >
2-7. <
2-8. >
2-9. <
2-10. >

9쪽

1-1. 263344 < 263434 < 264334 < 264343 < 264443
1-2. 759597 < 759759 < 759957 < 795499 < 795579
2-1. 453673 > 453637 > 435376 > 435367 > 435366
2-2. 940544 > 940499 > 904540 > 904504 > 904450

10~11쪽

1-1. 964, 1064, 1164, 1264
1-2. 20609, 21609, 22609, 23609
1-3. 391032, 401032, 411032
1-4. 468347, 568347, 668347
2-1. 47682, 47782, 48782, 58782
2-2. 140604, 141604, 151604, 251604
3-1. 717, 617, 517, 417
3-2. 70043, 69043, 68043, 67043
3-3. 416845, 406845, 396845
3-4. 756543, 656543, 556543
4-1. 77631, 76631, 75631, 65631
4-2. 853463, 843463, 843453, 743453

12~13쪽

1-1. 왼쪽에서 첫 번째 네모
1-2. 왼쪽에서 두 번째 네모
1-3. 왼쪽에서 첫 번째 네모
2-1. 왼쪽에서 세 번째 온도계
2-2. 왼쪽에서 두 번째 온도계
3-1. -3, -2, 0, 3, 5
3-2. -29, -21, -20, -19, -17
3-3. -40, -39, -38, -37, -36
4. $-5℃$, $-8℃$, $-11℃$ / $-6℃$, $-13℃$, $-20℃$
   $-7℃$, $-16℃$, $-25℃$

14~15쪽

1-2. **44000**, 45000
1-3. **72000**, 73000
1-4. 90000, **91000**
2-2. 340000, **350000**
2-3. **840000**, 850000
2-4. 950000, **960000**
3-2. **700000**, 800000
3-3. 200000, **300000**
3-4. **800000**, 900000
4-1. 77000, 80000, 100000
4-2. 835000, 830000, 800000
4-3. 494000, 490000, 500000
4-4. 949000, 950000, 900000
5. 금성 12100, 12000, 10000
   목성 143000, 143000, 140000, 100000
   토성 120500, 121000, 120000, 100000
   천왕성 51100, 51000, 50000, 100000

16~17쪽

1-1. 67379, 육만 칠천삼백칠십구
1-2. 예) 707141, 칠십만 칠천백사십일
2-1. <
2-2. >
2-3. >
2-4. <
3-1. 709237 < 709372 < 713327 < 713702 < 731070
   < 752723

3-2. 752723 > 731070 > 713702 > 713327 > 709372
> 709237

3-3. 709372 < 712723 < 713702 < 719237 < 723327
< 731070

4-1. −6   **4-2.** −14   **4-3.** −24

18~19쪽

1. 78 LXXVIII, 96 XCVI, 109 CIX, 277 CCLXXVII,
353 CCCLIII
408 CDVIII, 513 DXIII, 686 DCLXXXVI, 849
DCCCXLIX, 993 CMXCIII

2-1. A = 344, B = 374, C = 347, D = 294, E = 249,
내림차순: B > C > A > D > E

2-2. A = 777, B = 787, C = 778, D = 795, E = 759
오름차순: E < A < C < B < D

3. MCMXCIX = 1999, MMVII = 2007, MCMXCVII = 1997,
MMXIV = 2014, MMXVII = 2017

4. MMIV 2004, MCMLXXIII 1973, MDXLVII 1547,
MCCCLI 1351, MCCXCIX 1299, MCLXVIII 1168,
MLXVI 1066, MXIX 1019, CMXCIX 999,
CMLXXXIX 989

20~21쪽

1.

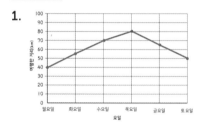

1-1. 15km   **1-2.** 30km

1-3. 월요일과 목요일   **1-4.** 40km

2-1. 10, 30, 55, 80   **2-2.** 5, 15, 20, 40

2-3. 오후 4시와 오후 5시, 오후 1시와 오후 2시

2-4. 예) 휴식, 점심 등

22~23쪽

1.

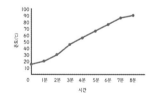

1-1. 25, 50, 87.5   **1-2.** 35, 22.5, 20, 70

1-3. 2분과 3분

2-1. 3월과 11월, 5월, 9월, 12월

2-2. 4월과 5월, 9월과 10월, 2월과 3월(5월과 6월),
10월과 11월

2-3. 14, 8, 11, 2

24~25쪽

1. 15, 27, 24, 12

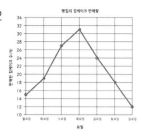

1-1. 7개   **1-2.** 12개

1-3. 화요일과 수요일   **1-4.** 목요일과 금요일

2. 200, 600, 400, 800

2-1. 500명   **2-2.** 550명

2-3. 7일째와 8일째   **2-4.** 9일째와 10일째

26~27쪽

1-1. 오전 9:00 또는 오전 9:30   **1-2.** 오후 12:30

1-3. 1시간   **1-4.** 오전 10:50

1-5. 오전 11:30 이전에 출발하는 모든 기차

2. 오전 9:25, 오전 10:35 / 오전 11:05 /
오전 10:25 / 오전 10:55, 오후 12:05 /
오전 11:25 / 오전 11:55, 오후 1:05 / 오후 1:35

3-1. 오전 11:12   **3-2.** 오후 12:22

3-3. 18분, 17분, 24분, 20분

3-4. 캡머스와 뉴타운   **3-5.** 링스톤과 롱햄

3-6. 오전 9:40   **3-7.** 오전 10:50

3-8. 오전 11:42

28~29쪽

1. 40분, 1시간 10분, 1시간 20분, 2시간, 3시간 20분,
5시간 10분

2. 오전 10:20, 오후 2:00, 오전 10:05, 오후 2:40,
오전 11:05, 오후 12:00

3. 오전 8:05, 오전 7:55, 2시간 5분, 오후 12:55,
오후 11:45, 오후 10:45, 6시간 45분

4-1. 12:35   **4-2.** 9:51   **4-3.** 11:35

4-4. 4:46   **4-5.** 3:26   **4-6.** 3:46

30~31쪽

1-2. 68 − 49 = 19(XIX)   **1-3.** 46 + 53 = 99(XCIX)

1-4. 71 − 46 = 25(XXV)   **1-5.** 71 + 11 = 82(LXXXII)

2-1. 오전 10:15   **2-2.** 오전 9:45   **2-3.** 오전 10:30

2-4. 오전 9:30   **2-5.** 오전 6:50   **2-6.** 오전 5:45

3-1. 5게임   **3-2.** 15게임

3-3. 2017년과 2019년   **3-4.** 2015년과 2016년

3-5. 210게임   **3-6.** 100게임   **3-7.** 10게임

정리 노트

런런 옥스퍼드 수학

6-1 수와 그래프

초판 1쇄 발행 2022년 12월 6일
글·그림 옥스퍼드 대학교 출판부 **옮김** 상상오름
발행인 이재진 **편집장** 안경숙 **편집 관리** 윤정원 **편집 및 디자인** 상상오름
마케팅 정지운, 김미정, 신희용, 박현아, 박소현 **국제업무** 장민경, 오지나 **제작** 신홍섭
펴낸곳 (주)웅진씽크빅
주소 경기도 파주시 회동길 20 (우)10881
문의 031)956-7403(편집), 02)3670-1191, 031)956-7065, 7069(마케팅)
홈페이지 www.wjjunior.co.kr **블로그** wj_junior.blog.me **페이스북** facebook.com/wjbook
트위터 @wjbooks **인스타그램** @woongjin_junior
출판신고 1980년 3월 29일 제406-2007-00046호
원제 PROGRESS WITH OXFORD: MATH
한국어판 출판권 ©(주)웅진씽크빅, 2022 **제조국** 대한민국

ISBN 978-89-01-26542-1
ISBN 978-89-01-26510-0 (세트)

잘못 만들어진 책은 바꾸어 드립니다.
주의 1. 책 모서리가 날카로워 다칠 수 있으니 사람을 향해 던지거나 떨어뜨리지 마십시오.
   2. 보관 시 직사광선이나 습기 찬 곳은 피해 주십시오.